科创少年来了

像 机械工程师一样思考

[英]珍妮·雅各比/著 [英]罗比·卡思罗/绘 张蘅/译

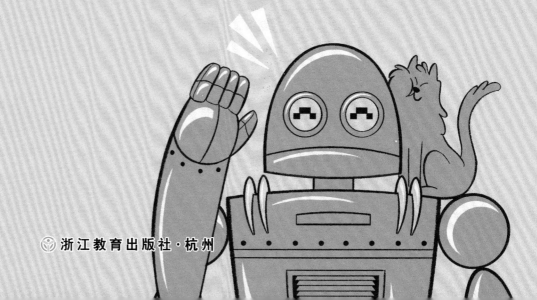

浙江教育出版社·杭州

U0169551

图书在版编目(CIP)数据

像机械工程师一样思考 / （英）珍妮·雅各比著；
（英）罗比·卡思罗绘；张蘅译. —— 杭州：浙江教育出
版社，2024.5（2024.10重印）
（科创少年来了）
ISBN 978-7-5722-7752-8

Ⅰ．①像… Ⅱ．①珍… ②罗… ③张… Ⅲ.①机械工
程一少儿读物 Ⅳ．①TH-49

中国国家版本馆CIP数据核字(2024)第097103号

浙江省版权局著作权合同登记号：**图字11—2024—092号**

Everyday STEM Technology - Machines
First published 2022 by Macmillan Children's Books an imprint of
Pan Macmillan
Text and illustrations © Macmillan International Publishers Ltd

目录

动动手吧!

机械

机械是人类为了减轻劳动强度而制造的工具。它们无处不在，已经成为我们生活中不可或缺的组成部分。你也许不会每天都操作机械，但很可能会用到它们制造出来的东西，比如你正在读的这本书！随着人类对世界的了解越来越深入，我们制造出了越来越复杂、高效的机械，并利用它们不断拓宽自己的认知边界。

1. 纵观历史，人类一直在制造、使用工具。无论是简单的石器，还是高度复杂的机械，都是人类开发利用周围世界的证明。

2. 按照现在的标准，史前时代的机械就显得过于简陋了。然而正是这些机械，帮助古人建造出了令人叹为观止的神秘建筑。

3. 早期人类利用身边的自然资源发明了许多工具，比如狩猎用的长矛、切割猎物用的石器。为了制作御寒的衣服，他们甚至用兽骨做成了最早的缝纫针。

4. 机械的发展离不开科学和创造性思维。我们首先需要研究和探索世界，然后才能进行创造性的思考，找到改造世界、改善人类生活的方法。

5. 机械能帮助我们更便捷地交流、更高效地思考……

6. 有些机械可以比人类更出色地完成工作。想一想，未来的机械还能帮助我们完成什么工作呢？

甚至到地球以外的空间旅行！

史前机械

史前人类在劳动与生活中就已经发明了很多机械。

回旋镖

考古学家在澳大利亚发现了一些距今有一万年历史的回旋镖，他们认为这些弯曲的棍子是最古老的人造飞行器。可能当时有一名猎手掷出了一根扁平的棍子，然后发现棍子能自己飞回来，回旋镖就这样被阴差阳错地发明了。

缝纫针

已知最古老的缝纫针是在南非发现的，距今有 6.1 万年的历史。带针孔的针则晚些，距今有 4.5 万年的历史。别看它小小一个，在寒冷的冰河时代，这个能穿线缝衣的机械可派上了大用场。

手斧

早在 160 万年前，人类祖先就制造出了第一批机械！石手斧既能切肉，又能砍削木头、骨头等坚硬的物体。随着时间推移，人类制作出了更复杂的石器，比如用于雕刻的刀片、用在矛和箭上的箭头、用于清理动物皮毛的刮刀等。

列奥纳多·达·芬奇（1452—1519）

达·芬奇既是一位伟大的艺术家，也是一位出色的发明家。他利用自己渊博的学识和非凡的创造力发明了许多机械，其中包括一些在他有生之年无法完成的作品。他的探索精神激励着后世的人们不断尝试，超越现有的边界去实现更高远的目标。

达·芬奇最为人熟知的身份是画家，但他其实也是发明家，他的许多设计理念至今仍带给人们许多灵感。

达·芬奇对任何事物都观察入微。例如，为了搞清楚人体肌肉的运动原理，他甚至会去医院解剖尸体，然后把观察到的一切都画下来。

达·芬奇设计出了世界上第一个机器人。它能坐能站，能举起头盔，还能挥动手臂。

达·芬奇不断地将想法画下来，即便他的许多设计在当时还无法实现。他曾经绘制了一幅降落伞草图，但降落伞直到 18 世纪末才被发明出来！

成为发明家的秘诀：

• 不断探索，用心观察！

• 大胆描绘所见事物，不必在意是否好看。绘画可以帮助你的大脑消化信息。

• 一旦有想法，就立刻记下来。说不定，某个想法会在某个时刻激发出新的发明呢！

• 创意是关键，然后再去想怎么实现，或者交由他人实现。

• 组建一支团队，发挥每个人的特长。

• 时间铸就完美，要知道，《蒙娜丽莎》花了差不多 3 年的时间才完成。

机械的前世今生

有些几千年前发明的机械现在仍然在发挥作用。
只不过，它们的用途可能发生了变化。

古代

阿基米德螺旋管

公元前234年，古希腊科学家阿基米德在埃及的时候设计了这个后来闻名于世的巧妙机械。只要旋转螺杆，就能让河水进入螺旋管内。随着螺杆的连续转动，水从低处缓慢"爬"到高处，最后从螺旋管的上端流出，用来灌溉农田。

风车

风车是荷兰的标志性建筑，而最早的风车可以追溯到公元13世纪。有风的时候，转动的叶片能够驱动风车内部的机械装置——阿基米德螺旋管或石磨，从而完成抽水或磨面等工作。

蒸汽机

蒸汽机问世之前，机械主要由水力、风力、畜力或人力驱动。蒸汽机的出现极大地提高了生产效率，生产过程变得更快、更可靠，工厂的生产规模因此变大。工业革命由此开启，世界面貌随之发生了巨大改变。

现在

现在，我们有了更高效的农业灌溉方式，但阿基米德螺旋管仍然大有作为。在水产养殖中，它可以让鱼在不离开水的情况下从孵化池里安全转移出来。在农业上，联合收割机使用阿基米德螺旋管将收获的谷粒送入卸粮管。

现在，许多古老的风车仍在使用，与此同时，现代新式风车也如雨后春笋般地出现在世界各个角落。它们仍由风力驱动，但叶片驱动的不再是螺旋管或石磨，而是涡轮发电机。风力发电是一种清洁无污染的发电方式。

如今，工厂、交通运输、工作生活的方方面面都需要用电，所以现代蒸汽机除了用于生产，还用于发电。在核电站，核反应产生的巨大热量将水加热，由此产生的蒸汽再驱动汽轮机发电。

简单机械

世界上充满了各种力，如重力、弹力、摩擦力等。不同类型的力的方向不同，比如跳跃时，地面的支撑力将你向上推离地面，但重力又会把你拉下来。真可惜，要不是重力捣乱，我们就能飘在空中了。力有大有小，比如你可以用力推一个物体，也可以轻轻推。而机械的作用在于改变力的方向或大小，从而使我们的工作变得更轻松。

简单机械是如何工作的?

简单机械是复合机械的基础，它们能够通过延长力的作用距离达到省力的目的。具体来讲，如果用的力够大，就能省距离；如果力不够，就不得不用费距离的方式完成工作。下面的简单机械都可以通过增加力的作用距离让工作更省力。

1. 杠杆

杠杆是一根能够在力的作用下绕固定点转动的硬棒，这个固定点叫作"支点"。在杠杆足够长、足够结实的前提下，我们只要将重物放在杠杆靠近支点的一端，然后在另一端用力，就能用较小的力撬动重物，这就是省力杠杆。

2. 滑轮

滑轮由绳子和绕中心轴转动的圆轮构成。按中心轴的位置是否移动，滑轮可以分为定滑轮和动滑轮。将多个定滑轮和动滑轮组装起来，可以做成滑轮组。滑轮组既可以省力，又可以改变力的方向。

3. 斜面

斜面即倾斜的平面。把重物垂直提升到平台上很困难，但沿着斜面推上去就容易多了。斜面的倾角越小，斜面越长，就越省力。

文艺复兴时期的机械

文艺复兴时期，人们靠观察和实验认识世界，创造出了众多伟大的文艺作品。与此同时，科学家和工程师们总结出了6种简单机械。尽管在此之前，人类使用简单机械已有几千年的历史，但直到文艺复兴时期，它们的工作原理才被弄清楚。

4. 楔子

楔子由两个斜面组成，其截面是一个三角形。使用时只要将尖端放入缝隙，用重物（如锤子）锤击平面端，就能将向下的力量转化成水平方向的力量，将物体分开。刀、斧等都属于这一类机械。

5. 螺旋

螺旋是表面具有螺纹的圆柱体或圆锥体，螺钉就是其中一种。试试看，你能把螺钉直接按进木头里吗？是不是很难？但是如果旋转螺钉，增加力的作用距离，就能把它拧进木头里。螺纹越密，螺旋的直径越大就越省力。

6. 轮轴

轮轴由"轮"和固定在其中心的"轴"组成。在轮的边缘用力，轮带着轴转动，因为轮的移动距离远，所以比直接转动轴更省力，能让我们的工作更轻松。

轮轴

在所有简单机械中，轮轴的发明最为困难。这是因为自然界中原本没有轮子，也就是说，自然界中不存在既有的事物可以供人类模仿，轮轴是纯粹的人类发明。然而，提出创意只是发明的第一步，想要制造出实物，还需要技术和工具的配合。轮轴主要分为固定轴和旋转轴两种类型，它们在日常生活中各有用武之地。

技术和工具

把木头制作成光滑的圆轮，离不开杰出的木工手艺和相应的工具。而要做出称手的工具，就必须花时间磨炼金属加工技术。

固定轴

如果轮轴用的是固定轴，那么力作用于轴，就能带着轮转动。固定轴常用于汽车、陶工转盘和门把手。陶工转盘是人类历史上最早出现的轮轴，可以追溯到距今约 6000 年的美索不达米亚。

旋转轴

旋转轴能够固定轮，但同时又允许轮独立转动。以独轮手推车为例，轮本身没有动力，而是在手推车其他部件的带动下被动地旋转。旋转轴的制作难度更大，因为轴既要与轮的孔紧密贴合，又不能影响轮的转动，这需要更精细的木工技术。

你知道吗？

自然界中虽然没有轮子，却不乏会滚动的事物。在轮子问世前，人们就看到过风滚草随风滚动和蜣螂滚粪球。人们也曾通过滚动圆木运输重物，不过圆木不受控制，每转完一次，都必须用人力使之再次转动起来，因此用处有限。

用作滚轮的圆木

蜣螂滚粪球

复合机械

简单机械很有用，如果进一步用创造性的方式将它们组合起来，就可以得到更令人兴奋、功能更强大的复合机械，让更多的工作变得轻而易举！

自行车

自行车是常见的复合机械，其车架由几种简单机械组成。骑行时，脚蹬通过一个固定轴带动大齿轮旋转，大齿轮再通过一根链条带动固定在后轮的小齿轮，进而驱动后轮。后轮的轴为旋转轴。

后轮

固定轴

旋转轴

链条

脚蹬

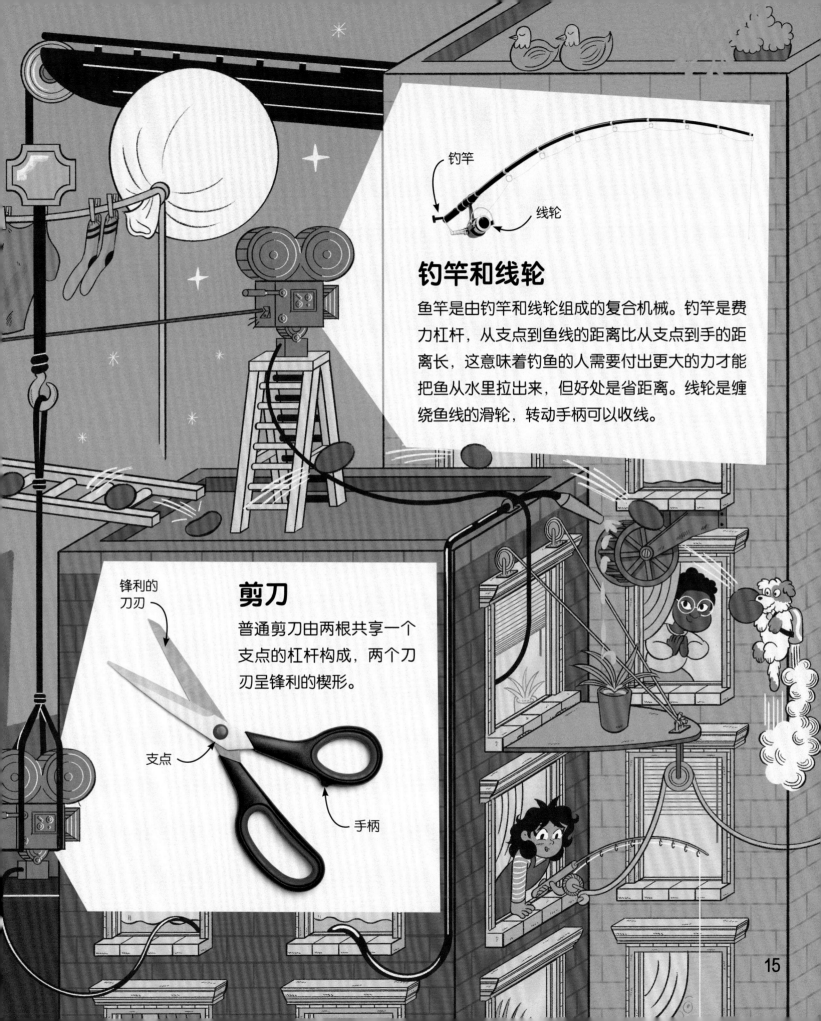

钓竿

线轮

钓竿和线轮

鱼竿是由钓竿和线轮组成的复合机械。钓竿是费力杠杆，从支点到鱼线的距离比从支点到手的距离长，这意味着钓鱼的人需要付出更大的力才能把鱼从水里拉出来，但好处是省距离。线轮是缠绕鱼线的滑轮，转动手柄可以收线。

锋利的刀刃

剪刀

普通剪刀由两根共享一个支点的杠杆构成，两个刀刃呈锋利的楔形。

支点

手柄

机械靠什么驱动?

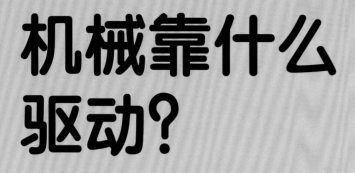

以前的人们为了驱动机械,不得不利用身边的一切人力、畜力和自然力。一群壮汉的力量非同小可,但要调动这么多人的积极性,让他们长久地卖力是很困难的。牛马等牲畜比人更强壮,能拉动沉重的农业机械,但需要我们喂养、照料和训练。大自然更是力大无穷,只可惜水力、风力等不可控,无法按需供应。

你知道吗?

发条装置是一种能储存能量的机械装置。已知最古老的发条装置是安提凯希拉天体仪,它诞生于古希腊,距今已有2000多年的历史。它能够计算太阳、月亮、5个行星在天上的位置,以及日食或月食出现的时间。

马力

由于马非常可靠,因此蒸汽机刚被发明出来的时候,人们才会以"马力"为单位计量其功率,以便更直观地呈现这种新机械的工作能力。直到20世纪,农场的机械以及城镇的大多数车辆还由马来牵引。

水力

水力磨坊利用流水的天然力量推动水轮旋转。水轮的动能通过一根轴传递到磨坊内部，驱动着轴另一端的机械完成磨面、切割木材或向熔炉内鼓风等工作。

柄头：旋转即可上发条，为弹簧注入能量。

弹簧：用于储存能量。

能量利用装置，例如绕钟面转动的指针。

齿轮：控制能量释放的速度和功率。

人力

一些简单的工作可以直接利用人力完成，如农民用锤子将钉子钉入谷仓的木板中。

发条装置

为机械手表提供能量的装置是发条，而不是电池。只需转动柄头，就能利用发条装置将能量储存在弹簧中，然后利用齿轮将能量以稳定的节奏传递给指针系统。

电动机械

现在的绝大多数机械不再依赖不可控的自然力，而是靠电力驱动，我们无论是将机械插入电源还是给机械安装电池，都是在用电。电力比自然力更可靠、更高效，而且我们可将其储存起来，直到需要的时候再释放出来。

当电流通过时，灯泡就会被点亮。

电

对人类而言，电从来都不陌生。大到划破天空的闪电，小到冬天羊毛衣服上的静电，都证明着电的存在。一开始，人们并不知道电有什么实际用处，只会用它耍一些小把戏，比如让头发竖起来！直到 18 世纪，科学家们才认识到静电是由电荷聚集引起的，并想办法加以利用。

让人"怒发冲冠"的机器
范德格拉夫起电机发明于 1929 年，可产生静电。只要触摸一下，你的头发就会竖起来！

在电路中加入开关后，人们就可以随意打开或关闭电路了。

用电

到了 19 世纪，科学家们掌握了产生电流的方法，并开始利用电流做一些有用的事，比如点亮灯泡。他们发现了一个简单的原理，即电流只在完整且闭合的回路中流动。无论现在的电机有多复杂，这一原理仍然适用。电路必须包括电源（如电池）、电气设备（如灯泡），以及将这两个（或更多）部分连成一个闭环的电线。

亚历山德罗·伏打（1745—1827）

意大利物理学家亚历山德罗·伏打是最早提出将化学能储存在电池中的科学家之一。1799年，他将多对锌板和铜板泡在电解质溶液中，制成了人类历史上第一个真正的电池——伏打电堆，首次证明了电可以从化学物质中产生。为了纪念伏打，我们用"伏"作为电压的计量单位。

电池

电池的妙处在于它能将电能以化学能的形式储存起来，并在我们需要的时候释放出来。电池里有一块负极板和一块正极板，这两块金属板被置于一种叫"电解质"的特殊液体中。连通电路时，电子从电池的负极沿导线流回正极。这种电子的流动就是我们所说的电流，它能为各种电子设备提供动力和能量。

发电机

我们生活在一个高度依赖机械的世界里。为了让这些机械运转，我们只好去建造更多的机械，其中就包括非常重要的发电机。发电机可以将机械能转化为电能，从而为其他机械提供动力。

风力涡轮机

绿色能源

传统涡轮机由蒸汽驱动，而将水变成蒸汽的过程需要烧煤。燃烧化石燃料会污染空气，加剧全球变暖。为了减少污染，我们可以用风力、水力驱动涡轮机，还可以用太阳能电池板将太阳能转化为电能。

涡轮机

涡轮机把机械能转化为电能。力推动涡轮机的叶片转动，继而带动转子，即传动轴旋转，为发电机提供动力。力越大，叶片转速越快，发的电也就越多。

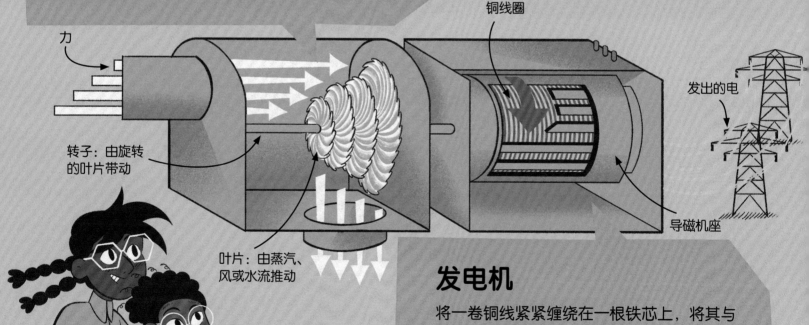

力

铜线圈

发出的电

转子：由旋转的叶片带动

叶片：由蒸汽、风或水流推动

导磁机座

发电机

将一卷铜线紧紧缠绕在一根铁芯上，将其与转子相连后，把所有部件都置于一个导磁机座里，就制成了发电机。当转子带动铜线圈在磁场中旋转时，电就在铜线中产生了。最后将发电机接入电网，产生的电就能被输送到工厂和千家万户了。

威廉·坎库温巴（1987—）

威廉·坎库温巴出生在非洲马拉维的一个小村庄。

他十几岁的时候，整个村子不幸遭遇了一场饥荒，他和家人每天只能分着吃一顿饭。

面对饥饿和贫困，威廉不得不辍学……

但他经常去图书馆读书自学。

他在《使用能源》这本书里读到了发电的原理。

于是，他萌生了自制一台风力发电机，好让家里用上电的想法。

威廉从垃圾场找来拖拉机风扇、减震器、自行车架、滑轮、塑料管、叶片、脚踏式发电机和木头等材料，建起了一座高塔。

他花了整整两个月时间建造风力发电机，家里人都以为他疯了！

直到他们听到收音机里传来了音乐，才意识到威廉的发电机成功了！

如果你想成功，那就勇敢尝试！

21

计算机

计算机诞生的时间不长，但短短几十年里，它在我们的学习与工作中扮演着越来越重要的角色。随着技术的发展，计算机的体积越来越小，功能却越来越强大。不难想象，未来的计算机还会变得更小、更便携！

1. 分析机
1837 年，英国数学家查尔斯·巴贝奇设计了"分析机"，这款机械式计算机是现代数字计算机的先驱。

2. IBM 701
IBM 701 诞生于 1952 年，是一款大众可以购买的批量制造的电子计算机，也是美国 IBM 公司的里程碑式产品。

3. ALTAIR 8800
ALTAIR 8800 发布于 1975 年，是世界上第一台取得商业成功的微型计算机。它开启了个人计算机的革命。

4. IBM 5150
1981 年，IBM 公司推出了世界上第一台个人计算机。它的价格更亲民，家庭和小企业都能买得起。

5. iMac G3
1998 年推出的 iMac G3 采用了彩色塑料外壳和弧边设计，时尚的外观和一体机的设计使它大受欢迎。

6. iMac
2012 年，苹果公司将 iMac 的屏幕厚度缩至 6 毫米。计算机的处理器隐藏在屏幕后面。

7. 智能手表
如今，大多数智能手机的功能都可以在智能手表上实现。它们是迄今为止最便携的计算机！

触摸屏的工作原理

触摸屏是对纳米技术的应用。触摸屏后面隐藏着比头发丝还细的金属纳米传感器，它们利用人体可以导电的原理进行工作。当我们的手指轻触屏幕后，相应区域的电压会发生变化，纳米传感器探测到变化后将手指的位置信息传给处理器，帮我们完成操作。

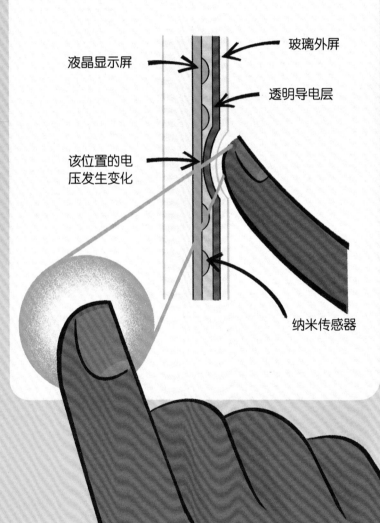

液晶显示屏

玻璃外屏

透明导电层

该位置的电压发生变化

纳米传感器

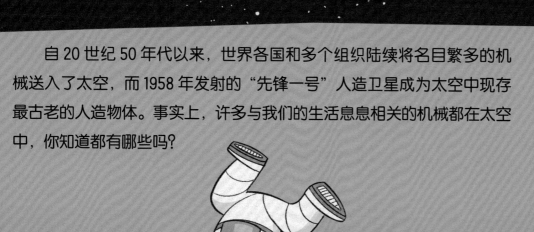

自 20 世纪 50 年代以来，世界各国和多个组织陆续将名目繁多的机械送入了太空，而 1958 年发射的"先锋一号"人造卫星成为太空中现存最古老的人造物体。事实上，许多与我们的生活息息相关的机械都在太空中，你知道都有哪些吗？

太空机械

太空中有哪些机械？

"国际"空间站

这座由美国、俄罗斯、欧洲多国、加拿大和日本等国家的航天机构联合建造的太空研究实验室，自 1998 年升空后已经在轨运行了 20 多年。美国国家航空航天局宣布，"国际"空间站将于 2031 年退役。

人造卫星

卫星是指按一定轨道围绕行星运行的天体。人造卫星则是人类制造的航天器，它们使我们的通信变得更快、更便利，还为我们发送广播电视信号、监测天气变化及自然灾害。有了它们提供的三维位置信息，智能设备才能够准确地定位到我们。

哈勃空间望远镜

哈勃空间望远镜于 1990 年发射升空，运行轨道距地球约 540 千米。两块太阳能电池板为它提供能源，使它以约 27000 千米/时的速度绕地球运行，拍下遥远恒星、行星和星系的照片。

太空垃圾

太空垃圾是指漂浮在太空中的各种人造废弃物体及其碎片。太空机械并非都会变成太空垃圾，有些旧机械会重返地球大气层，在坠落过程中燃烧殆尽，比如第一颗人造卫星"斯普特尼克 1 号"。

格拉迪斯·韦斯特（1930—）

智能手机问世后，很多人都习惯用全球定位系统（GPS）来识别方位。格拉迪斯·韦斯特就是帮助开发 GPS 的先驱科学家之一。

高中毕业时，格拉迪斯以优异的成绩获得了弗吉尼亚州立大学的全额奖学金。她主修数学，是班上为数不多的女生之一。

格拉迪斯出生在美国弗吉尼亚州的乡村，从小就跟着大人干农活，但是她并不打算像当地的其他黑人女孩一样，长大后在农场或工厂工作。

毕业后，格拉迪斯进入达尔格伦的美国海军基地工作，成为那里的第二位女雇员，也是仅有的四名黑人雇员之一。

她的研究成果为全球定位系统的发展奠定了基础。2000 年，古稀之年的格拉迪斯返回校园，获得了公共行政和政策事务博士学位。

格拉迪斯在达尔格伦负责收集和处理来自卫星的信息。20 世纪 80 年代，她带领团队研发出了一个可以精确计算卫星轨道的程序。

保护地球的机械

自蒸汽机发明以来，人类的许多机械都对地球造成了破坏，尽管这并不符合我们制造这些机械的初衷。如今，日益恶化的环境使我们意识到保护地球刻不容缓，所以我们在设计新机械时更加谨慎。有些新机械能够补救我们对环境造成的伤害，还有一些能让我们以更环保的方式继续享受生活。

塑料危机

起初，塑料的发明是为了取代象牙、玳瑁等动物制品，是对环境有益的。但很快人们便意识到：塑料永远不会消失！塑料不断进入自然环境，包括海洋中，危害着生物的生存。而应对这场塑料危机最有效的方法就是减少塑料的生产和使用。

拦污浮排是横跨在河流上的浮动屏障，可以阻止较大的塑料废弃物流入大海。浮排收集的塑料要么被回收利用，要么被封存在陆地上。

科拉球是一种新型洗衣球。洗衣服时，将科拉球一起放进洗衣机，它就会将微小的塑料纤维收集起来，防止它们随着脏水进入排水系统。

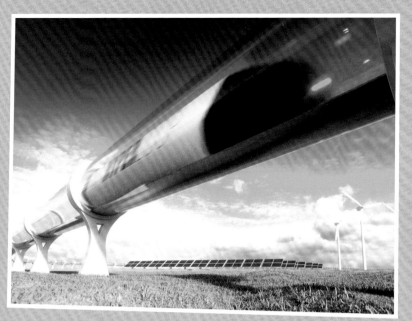

更环保的出行方式

汽车、火车和飞机都越来越快，让我们的出行变得越来越舒适。然而，交通运输排放出的温室气体占到了全球温室气体排放总量的 20% 左右，我们迫切需要找到对地球更友好的快速出行方式。

超级高铁

正在研发中的超级高铁，能耗相当于普通火车，速度却堪比喷气式飞机。超级高铁的客舱被安置在真空管道中，时速可达 1200 千米。按照设想，超级高铁将 100% 使用可再生能源作为动力。

海洋垃圾清理机能够在自然力的推动下，被动捕获"大太平洋垃圾带"中的塑料，在一定程度上补救我们已经对环境造成的破坏。

回收和再利用从海洋中打捞出的塑料，制成新的产品。例如，我们可以用废弃的渔网制成尼龙绳。

如何成为发明家?

发明新机械看似复杂,其实只要遵循一定的步骤,任何人都可以成为发明家!如果你只对发明中的某一个环节感兴趣,那么不妨与拥有不同技能的人合作,依靠团队的力量把想法变成现实。

1. 探索世界

首先,通过观察世界来了解万物运转的方式。在观察树的枝杈、鸟的翅膀的过程中,你也许会产生发明类似事物的想法。此外,课堂上学到的知识也能帮助你了解世界。

2. 发现问题

只有先运用智慧去发现问题,才能进一步解决问题。看到苹果从树上掉下来,砸到地上,摔出"淤伤"。你也许会想:有什么办法能防止苹果"摔伤"吗?

28

4. 用工程思维解决问题

什么？你觉得自己不具备任何工程思维？你说错了！观察万物的运转就是在培养自己的工程思维。你可以试着给苹果安上一对翅膀，或在地面上放些垫子。你会用什么材料呢？这些解决方案是否存在问题呢？

3. 创造性思考

让你的思想自由驰骋吧！你可以把所有想法都记录下来，不管它们听上去多么不切实际。你暂时不用考虑如何去实现它们，毕竟还没到那一步呢。

5. 反思与改进

你也许尝试了很多种办法，有行得通的吗？有时，最佳方案也是最简单、花费的时间和精力最少的那个。比如，在防止苹果"摔伤"的问题上，最好的方案是在苹果掉落前把它们摘下来。

团队协作

发明家需要具备创造力、丰富的知识储备、解决问题的能力和不轻言放弃的精神。通常来说，这些品质很难同时出现在同一个人身上。一项发明可能始于某个人的灵感，但要将创意变成现实，就需要多人合作了。

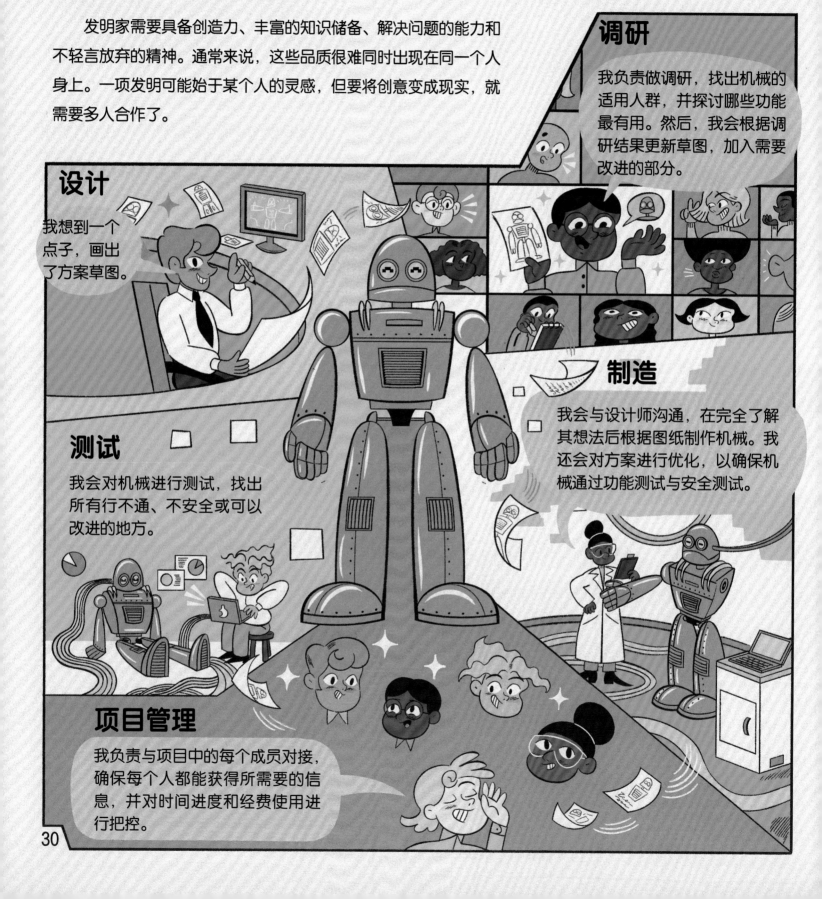

调研

我负责做调研，找出机械的适用人群，并探讨哪些功能最有用。然后，我会根据调研结果更新草图，加入需要改进的部分。

设计

我想到一个点子，画出了方案草图。

制造

我会与设计师沟通，在完全了解其想法后根据图纸制作机械。我还会对方案进行优化，以确保机械通过功能测试与安全测试。

测试

我会对机械进行测试，找出所有行不通、不安全或可以改进的地方。

项目管理

我负责与项目中的每个成员对接，确保每个人都能获得所需要的信息，并对时间进度和经费使用进行把控。

奥拉维尔·埃利亚松（1967—）

奥拉维尔·埃利亚松是一位丹麦裔冰岛艺术家，他喜欢用作品表现自然现象。他成立了以自己名字命名的工作室，并组建了一支由匠人、建筑师、研究人员、行政人员、厨师、程序员、艺术史学家和技术员组成的团队，以气候变化和可持续发展为主题进行艺术创作。

"小太阳"

埃利亚松发现全球有 11 亿人用不上电后，便产生了一个想法，那就是发明一盏叫"小太阳"的 LED 灯。"小太阳"白天使用太阳能充电，晚上在人们需要的时候发光。

团队合作

有了想法之后，埃利亚松与一位叫弗雷德里克·奥特森的工程师合作，制造出了"小太阳"。然后，他们召集了一支团队，将这些灯送到了有需要的人手中。

以激情驱动工作

埃利亚松不希望电力匮乏成为人们正常生活的阻碍，毕竟，日落后如果没有灯，人们就没法学习、做饭、工作或照顾病人。他发明的"小太阳"只用到了一种清洁、免费、人人可得的能源——太阳能，就改变了世界上几百万人的生活现状。

不断改进的发明

一个好的发明能够改善人们的生活，特别出色的甚至能够在几代人的日常生活中占据重要位置。

但随着时间的推移，材料与技术更新换代，人们的需求也在变化。于是，我们从其他新发现和新发明中汲取灵感，从社会需求中获取方向，对最初的发明进行改造或改进。

下面让我们来看看吸管的故事吧。

最早的吸管：黑麦草

第一根吸管来自大自然。很可能当时一个正在把弄芦苇或黑麦草的人，在不经意间用它喝到了水。

问题来了！

黑麦草在液体中容易碎裂，这一问题为新发明的出现带来了契机。

新发明：纸吸管

1888 年，美国的一名香烟制造商发明了纸吸管。他将多条纸带缠在铅笔上，再将它们粘在一起，抽出铅笔后，纸吸管就诞生了。你也动手试试吧！

问题来了！

对于卧病在床的人，或是还不会使用杯子的幼儿，吸管固然有用。但纸吸管又长又直，很多时候人们必须使劲倾斜杯子，才能喝到水。

新发明：可弯曲的纸吸管

20 世纪 30 年代，约瑟夫·B. 弗里德曼在纸吸管里放入一根螺丝，用牙线将纸勒进螺丝的螺纹里，取出螺丝后，纸吸管的螺纹处便可以弯曲了。

问题来了！

纸吸管不够耐用，要么是饮料还没喝完它就变软了，要么是无法刺破饮料的封膜。也许是因为纸不够结实？

新发明：塑料吸管

第二次世界大战后，塑料作为一种廉价、耐用的材料颇受欢迎。塑料吸管不仅比纸吸管更耐用，造价也更低。

新发明：环保吸管

现在，最受欢迎的吸管要么可重复使用——由硅胶或金属制成，要么可生物降解——由纸或意大利面制成。是的，纸吸管又重新流行了！

问题来了！

塑料吸管无法降解，丢弃的一次性吸管日积月累造成了大量的污染。现在，世界多地已禁用塑料吸管，包括美国的多个城市、欧盟和中国的餐饮行业。

包容性设计

机械存在的意义在于帮助人类。包容性设计能帮到所有人，比如一个好的厕所能够为不同群体提供便利。但有些设计并不适合所有人，究其原因，设计师的发明首先是为了解决其看得到的问题。也就是说，如果设计师只关注某个特定群体，那么他们在设计的过程中往往只会考虑这部分人，而忽略了其他群体的需求。

有问题的设计

在进行汽车的安全性测试时，大部分设计师会用到一个标准尺寸的假人，其身高参考了男性平均身高。这在现实中就造成了一个问题，即当车祸发生时，女性受重伤的可能性比男性高47%！如果用不同体形的假人去做安全性测试，汽车的安全系数会更高。

为什么会这样？

仅从自身角度考虑问题、只解决自己看得到的问题是人类的特性。设计师也不例外，如果不具备多个视角，或者不与多个用户群体进行交流，就无法设计出更广泛适用的机械。

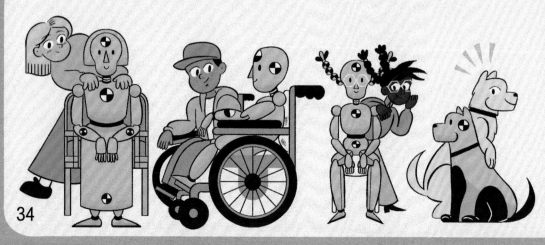

如何发明更具包容性的机械？

我们需要来自各种背景的设计师！至少，设计师们要充分认识用户群体的多样性，在设计过程中避免对某些群体产生无意识的排斥。

格蕾丝·赫柏（1906—1992）

格蕾丝·赫柏是一位极具开拓精神的计算机科学家，她发明了一种基于英语的编程语言，用它取代了复杂的机器代码。

如果不能沟通，那么我们做任何事情都是白费力气。

二战爆发时，赫柏正在美国纽约的瓦萨学院教授数学。她想参军，于是辞掉工作加入了海军预备役。在这里，她参与了 Mark I 计算机的研制，成为美国第一台机电式计算机的三位程序员之一。

在研发 Mark II 计算机时，赫柏和同事发现了一个故障。他们把机器拆开，发现里面有一只小飞蛾。赫柏开创性地将计算机故障称为"bug"（虫子），将排除故障称为"debug"（除虫）。如今，这两个词都成了常用的编程术语。

20 世纪 50 年代，赫柏成为史上第一台大型商业计算机的首席软件工程师。她意识到，如果能够简化编程代码，那么计算机用户就不再局限于数学家和工程师了。

赫柏提出，计算机既然可以转换数学代码，就应该可以转换英语单词。最终，基于英语单词的商用编程语言 COBOL 成为当时主流的编程语言。

未来的机械

　　未来无法预知，但不难想象，现在与我们的生活息息相关的东西（比如能源和食物）在未来仍然至关重要。而我们现在意想不到的事物，如 3D 打印食品，将来也很可能成为我们日常生活的一部分。

空间

　　人类计划于 2030 年前后首次造访火星，而机械将帮助宇航员完成长达 8 个月的太空旅行。美国国家航空航天局正在研发一种机器人，它可以将火星土壤转化为氧气、饮用水和人类生存所需的其他物质。

健康

　　未来将会出现机器人医生和机器人护士。它们也许不如人类亲切，不善于安慰患者，但可以承担重复性强、对精准性要求高的工作。相比人类医生，机器人外科医生永远不会感到疲倦，抓握工具也更稳。

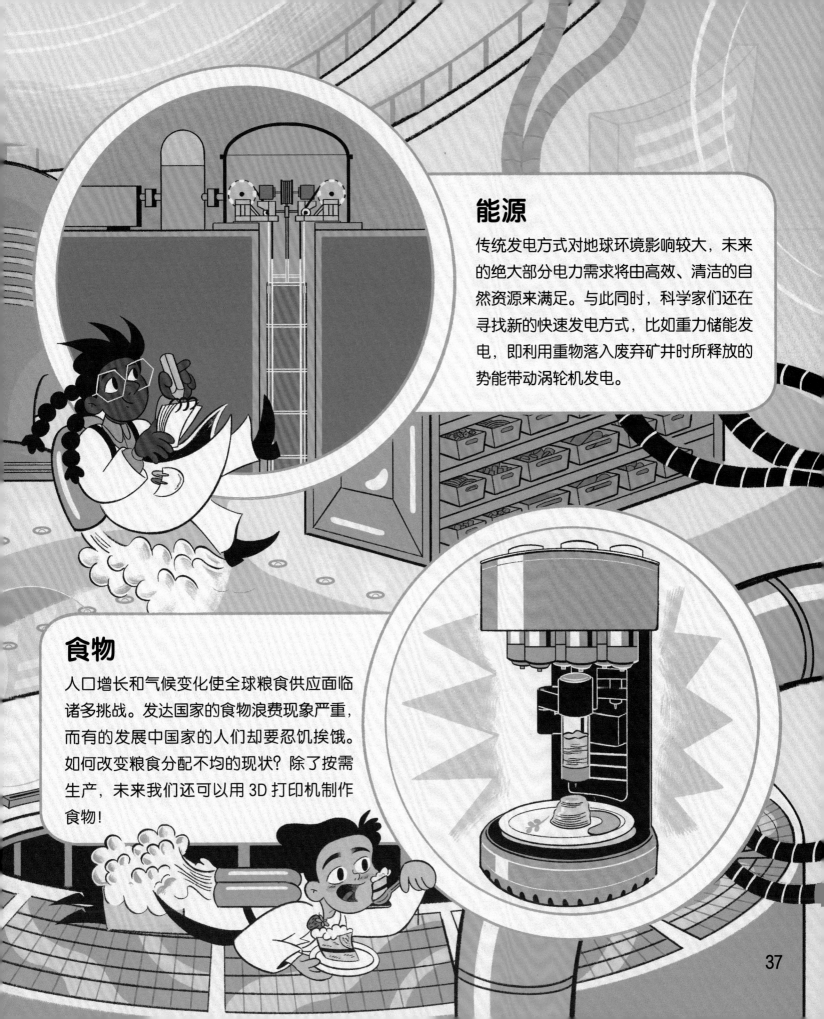

能源

传统发电方式对地球环境影响较大，未来的绝大部分电力需求将由高效、清洁的自然资源来满足。与此同时，科学家们还在寻找新的快速发电方式，比如重力储能发电，即利用重物落入废弃矿井时所释放的势能带动涡轮机发电。

食物

人口增长和气候变化使全球粮食供应面临诸多挑战。发达国家的食物浪费现象严重，而有的发展中国家的人们却要忍饥挨饿。如何改变粮食分配不均的现状？除了按需生产，未来我们还可以用 3D 打印机制作食物！

人工智能

如今，人类只需要完成初始的编程工作，计算机就能模拟人类的学习行为，自主学习知识和技能，并改进其算法了。这就是机器学习，它可以比人类更快地处理海量数据，发现其中的规律，进而提出有用的建议。作为人工智能的核心，机器学习是使机器具有类似人的智能的根本途径。

20 号床的患者需要关注！

医用监护仪

医院可以配备人工智能监护仪。它能帮助监控高危患者，并在医护人员出差错时及时发出警报。

私人助理

未来，办理预约、安排日程等很占用时间的琐事，都可以交给人工智能私人助理去做。

人工智能做不到的事

在某些方面，机器学习仍然无法与人类学习比肩：

◆ 学习抽象概念，形成新的想法。

◆ 一次性学习，比如观察过一两次后就知道火是热的。

◆ 迁移学习，即举一反三，把已有知识用于学习新知识。

李飞飞（1976—）

我们开发出了越来越多的机械，这些机械在为我们的日常生活提供便利的同时，也造成了一些问题：我们赖以生存的社会联系将会受损，而机械无法提供我们所需要的同理心。作为一名计算机科学家，李飞飞认为人工智能的发展应该以人为核心。

人工智能是一种强大的工具，而我们才刚开始了解它。作为先行者，我们责任重大。

李飞飞的成就之一是带领团队创立了 ImageNet 项目。这是一个大型图像数据库，计算机可以通过"阅读"数据库中贴着标签的图像，逐渐学会识别其他图像。

在李飞飞的人工智能实验室，伦理是一切工作的核心。她教导年轻科学家将原则置于利益之上。

她还与伙伴共同创立了 AI4ALL 项目，开设面向高中女生的人工智能暑期研习营，帮助她们了解、探索人工智能，提升个人能力。

李飞飞潜心培养新一代的人工智能科学家，特别是拥有不同背景的科学家。她希望 20 年后的计算机能多元化地考虑问题，而不是局限于人工智能领域白人男性科学家的视角。

跷跷板

这个实验使用经典简单机械——杠杆，展示的是作用力和重物之间的关系。

动动手吧!

你需要用到：
- 1个大长尾夹，用作**支点**
- 1块长 30 厘米的木板，用作**杠杆**
- 胶带
- 2 个纸杯或塑料杯
- 记号笔
- 若干弹珠

实验步骤：

1. 取出大长尾夹的金属尾柄，然后把大长尾夹开口朝上放在桌上，用胶带固定好。

2. 用记号笔在两个杯子上分别写上"重物"和"作用力"。再用胶带把杯子粘在木板两端，每端一个。注意确保两个杯子离木板末端距离相等。

3. 让杠杆（木板）在支点（大长尾夹）上达到平衡。在空杯状态下，支点处于杠杆的什么位置？

4. 把一半的弹珠放入写有"重物"的杯子，这一端会怎样？

5. 将弹珠一颗颗放入写有"作用力"的杯子，直到杠杆重新达到平衡。现在每个杯子里有多少弹珠？

6. 清空"作用力"杯，将支点移至更靠近"重物"杯的位置。往"作用力"杯里放弹珠，这次需要放几颗弹珠才能使杠杆恢复平衡？

7. 将支点移至靠近"作用力"杯的位置。你需要再往"重物"杯里放多少颗弹珠才能使杠杆恢复平衡？

科学原理

重物离支点越近，所需的作用力就越小。重物离支点越远，就需要用更大的力平衡杠杆。

继续探索

你可以对跷跷板进行升级。你打算用哪些更大的物体做支点和杠杆？这个更大的跷跷板能承载多重的重物？

自制滑轮

人类大约从公元前 1500 年就开始使用滑轮。古人将绳子缠在轮子或固定的锚点上提升重物。动手制作一个滑轮吧，试试看你能用它举起什么！

动动手吧！

你需要用到：
- 小篮子、水桶等带把手的容器
- 重物
- 细绳，用作**滑轮绳**
- 筷子，用作**滑轮轴**
- 中空的线轴，用作**滑轮**
- 超轻黏土

实验步骤：

1. 把筷子穿过线轴。如果孔太大，可以用超轻黏土将筷子与线轴固定在一起，防止线轴左右滑动。

2. 用细绳把筷子绑在高处，好让线轴可以自由转动。如果你家有楼梯，那么你可以把筷子绑在楼梯护栏的两根立柱之间。这样你就可以把重物从楼下拉上来了。

3. 将细绳的一端系在容器把手上，再将细绳绕在线轴上，让另一端自然垂向地面。

4. 在容器中装满重物，拉动细绳另一端，将容器提起。

科学原理

定滑轮虽然不能省力，但它的好处是能改变力的方向，从原本的向上提变成向下拉。

继续探索

你能增加更多滑轮吗？可以用不同尺寸的线轴，甚至是厕纸的卷筒试一试。如果你找不到做轮子的材料，把绳子绕在粘钩上也行（在家里使用粘钩前，务必征得父母的同意）。尝试不同的组合方式，看看哪种效果最好。

41

发条车

用可回收废弃物来自制一辆发条车吧！这个实验中将会用到电钻，记得找一个大人来帮你。

动动手吧！

你需要用到：

- 2 根纸吸管，用于制作**车架**
- 4 根烧烤用的木签，用作**车轴**
- 4 个圆形盖子，用作**车轮**（不必全都一样大，但必须确保两个前轮一样大，两个后轮一样大）
- 1 根橡皮筋，用作**马达**
- 记号笔
- 热熔胶枪
- 带小钻头的电钻

实验步骤：

准备吸管

用木签在每根纸吸管上扎 4 个小孔，使之呈一条直线。两端的孔打在距离吸管两头约 1 厘米的位置，中间的两个孔打在距离吸管两头约 2.5 厘米的位置。

警告
一定要有成人陪同！

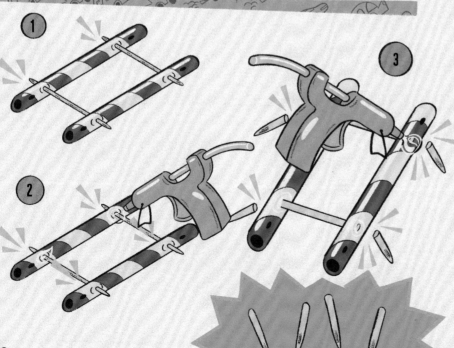

搭建车架

1. 将两根纸吸管平行摆放，用木签穿过中间的两组孔，把两根纸吸管连起来。把木签推到底，让尖头略微伸出吸管。

2. 用热熔胶封住车架内侧的孔，晾干。

3. 折断吸管外木签的尖头，用热熔胶封住外侧的孔。留一个尖头备用。

安装车轮

1. 用电钻在四个盖子的中心钻孔。
2. 取一根没用过的木签，在中央钻出小洞。将上一步留下的尖头插入小孔，做成一个挂钩，用来挂橡皮筋。

组装

1. 将一根新木签插入两端小孔作为前轴，将上一步制作的带挂钩的木签作为后轴，确保挂钩居中且指向小车中心。
2. 将车轮装到车轴的外端。
3. 先用热熔胶把车轴固定在车架上，然后用热熔胶把车轮固定在车轴两端，确保车轮还能转。
4. 将橡皮筋一端系在小车前面的车架上，另一端挂在后轴的挂钩上。慢慢转动后轮，让橡皮筋积蓄弹性势能。准备好了吗？松手，出发！

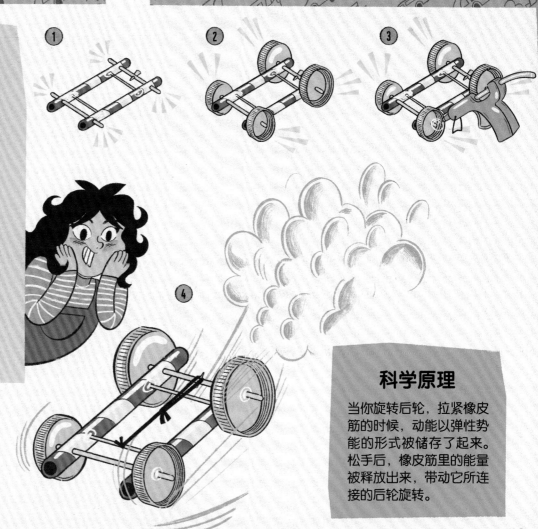

继续探索

用不同尺寸的橡皮筋试一试。它们释放的能量是否一样？

科学原理

当你旋转后轮，拉紧橡皮筋的时候，动能以弹性势能的形式被储存了起来。松手后，橡皮筋里的能量被释放出来，带动它所连接的后轮旋转。

火箭升空

用塑料瓶自制一个小火箭，体验火箭发射带来的快乐吧！记得戴上护目镜，在户外找个开阔的地方完成实验。

动动手吧！

你需要用到：
- 带运动瓶盖的小塑料瓶（不超过 500 毫升）
- 维生素泡腾片
- 开口足以装下小塑料瓶的杯子或罐子
- 温水

警告
戴上护目镜！
注意安全，
避免烫伤！

实验步骤：

1. 将温水倒入塑料瓶中，装半瓶就够了。

2. 将两片泡腾片掰成两半，放入瓶中。

3. 快速盖上盖子，将运动瓶盖按下去。摇晃塑料瓶，然后迅速将其倒置在杯子或罐子中。

4. 退后！

如果"火箭"没有升空，不要着急检查，先静观至少三分钟。如果还是没有动静再用温度更高的水重复实验（温度不宜过高，避免烫伤）。

科学原理

泡腾片中的化学物质溶于水后发生化学反应，释放的二氧化碳气体逐渐填满塑料瓶。一旦空间用完，瓶内的压力就会增大，顶开瓶盖，让塑料瓶腾空，而喷出的液体会把它推得更远。

继续探索

如果用大小不同的塑料瓶、杯子以及不同温度的水做实验呢？你的火箭究竟能飞多高？快来试试看吧！

火箭科学

这个实验中的化学反应推动塑料瓶升空，火箭发射也采用了类似的原理。燃料燃烧生成的气体向下高速喷出，产生向上的反向推力，推动火箭升空。

术语表

史前时代
文字发明之前的人类时代，比如石器时代。

蒸汽机
利用蒸汽在汽缸内推动活塞运动，将热能转换为机械能的往复式动力机械。

工业革命
自18世纪60年代起，在世界范围内发生的、以大规模工厂化生产取代个体工场手工生产的一场生产与科技革命。

联合收割机
能够一次完成谷类作物的收割、脱粒、分离和清选等工作，从田间直接获取谷粒的农业机械。

涡轮机
把气体或液体运动产生的动能转变为旋转机械能的动力机械。

简单机械
杠杆、滑轮、斜面、劈、螺旋和轮轴的统称，是复合机械的基础。

美索不达米亚
西亚两河流域平原，世界古文明的发源地之一，包括现在的叙利亚和伊拉克的部分地区。

文艺复兴
指14~16世纪欧洲新兴资产阶级思想文化运动，始于14世纪的意大利，在16世纪达到顶峰，被认为是中世纪和近代的分界。

复合机械
由两种或两种以上简单机械组合而成的机械。

马力
一种计量功率的单位，在蒸汽机发明时由詹姆斯·瓦特提出，1马力约等于735瓦特。

感谢如下素材的授权使用
上 =t，下 =b，中心 =c，左 =l，右 =r

14bl VladislavStarozhilov/iStock Images; 15bl Michael Burrell/iStock Images, 15tr 3DMAVR/iStock Images; 8b elan7t50/iStock Images, 8t Science History Images/Alamy Stock Photo, 8c GFC Collection/Alamy Stock Photo; 9b Pav_1007/iStock Images, 9c I-d-N/iStock Images, 9t Cultura Creative RF/Alamy Stock Photo; 21t JIT/iStock Images; 22br Science & Society Picture Library/Contributor/Getty Images, 22bl Science & Society Picture Library/Contributor/Getty Images, 22tl Granger Historical Picture Archive/Alamy Stock Photo, 22tr Science History Images/Alamy Stock Photo; 23b Andriy Popov/Alamy Stock Photo, 23t Really Easy Star/Toni Spagone/Alamy Stock Photo, 23c AFP/Stringer/Getty Images; 27t Malp/Alamy Stock Photo.

发条装置
一种利用弹性作用产生的动力驱动机械钟表和某些玩具的装置。

电路
由电子器件和导线等组成的、电荷可以在其中流通的总体。

纳米技术
1 纳米为 0.000001 毫米，纳米技术就是在纳米尺度（0.1 纳米至 100 纳米）上研究物质（原子、分子等）的特性和相互作用，以利用这些特性的技术。

全球定位系统（GPS）
由美国建立的、通过卫星为地球上的用户提供准确的位置和时间信息的系统。

大太平洋垃圾带
全球最大的海洋垃圾浮积区，位于美国夏威夷群岛与加利福尼亚州之间的太平洋海域，面积约 160 万平方公里。

COBOL
一种面向商业的计算机程序设计语言，发明于 20 世纪 60 年代，至今仍在使用。

编程
编写计算机程序，是人类与计算机对话并下达指令的方式。

人工智能
研究如何用计算机模拟人的智能行为的学科，又称"AI"。人工智能的研究领域包括机器人、语言识别、图像识别、自然语言处理和专家系统等。

机器学习
人工智能领域的一个分支，研究如何让计算机模拟人类学习活动，自动学习特定知识和技能。

作者和绘者

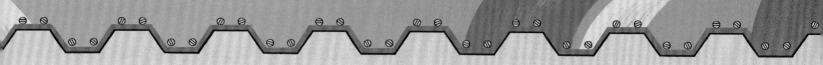

珍妮·雅各比

珍妮的主要工作是创作、编辑童书和儿童刊物。她喜欢用充满童趣的方式传播知识，其作品包括科普书、人物小传、谜题和智力测验。珍妮和她的家人住在英国伦敦。

罗比·卡思罗

罗比是一名插画师和故事创作者，喜欢明亮的颜色和鲜活丰满的人物形象。他会从听到的故事、喜爱的动画和日常生活的小事中汲取灵感，创作自己的故事。罗比生活在英国布里斯托尔。